CONTENTS

COLUMN

〔 在烘烤貝果前 〕

・本書介紹的貝果，是可以使用家庭用烤箱
一次就能輕鬆完成的分量。

・使用烤箱以前，請先徹底預熱後再放進去
烘烤。

・本書介紹的溫度、時間是用家庭用烤箱烘
烤時的溫度、時間。依烤箱的機種及性能
而異。烘烤時請參考本書的照片，將溫度
調整至書上標示的時間進行烘烤。

〔 在開始製作前 〕

・1 小匙為 5ml；1 大匙為 15ml。

・「少許」是指用大拇指和食指捏起一撮的
分量；「1 小撮」是指用大拇指和食指、中
指捏起一撮的分量。

・「適量」是指依個人喜好剛剛好的分量。

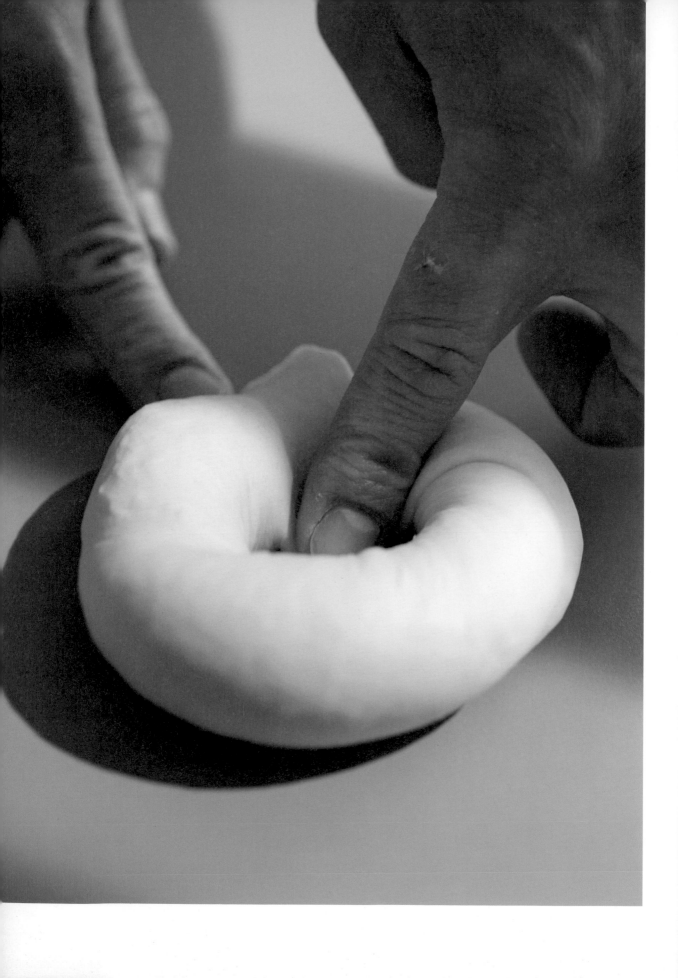

一起感受
貝果的獨特魅力！

各位讀者，你也喜歡貝果嗎？日本流行吃貝果，是這幾十年才開始的事；近來，無論是貝果專賣店或相關的網路購物等，皆有爆炸性的成長，更使得貝果成了烘焙坊熱賣的品項之一。這是因為我們都被貝果甜甜圈狀的可愛外型與獨特口感給迷住了。

貝果是用少量水分揉捏麵粉而成，因此具有強韌的彈性，能製成口感彈牙的麵團。不僅如此，烘烤前會先水煮過，使表面成形，因此烤了也不會繼續膨脹且紋理細緻，是一款濃縮小麥美味的麵包。

在製作方面，貝果具有讓新手和老手都沉迷其中的吸引力，因為再怎麼揉捏，貝果的麵團都不會黏手，所以感覺就像在玩黏土，十分有趣。另外，也很容易掌握發酵的時間，最後只要先煮過再烤即可，就能烤出充滿光澤、蓬鬆柔軟的貝果。重點是，作法非常簡單，還可以自由進行各種變化！

我完全迷上這種美味，每天都在製作、研究貝果，結果發現了一個祕密，那就是：水分含量的微調控制，將決定貝果會呈現什麼樣的風味與口感變化：

容易入口、輕盈綿軟同時也富有嚼勁口感的「鬆軟貝果」。
口感彈牙、充滿嚼勁，經典款的「Q彈貝果」。
利用長時間低溫發酵，將麵粉美味發揮到淋漓盡致的「緊實貝果」。

本書將為各位介紹以上三種我最喜歡的貝果作法，以及用這三種貝果的作法為核心，再加以變化的各式創意貝果。我想，大家也一定都會愛上這些貝果！但願大家都能輕鬆又愉快地製作出喜歡的口感、喜歡的味道，深深感受到自製手工貝果的樂趣與喜悅！

村吉雅之

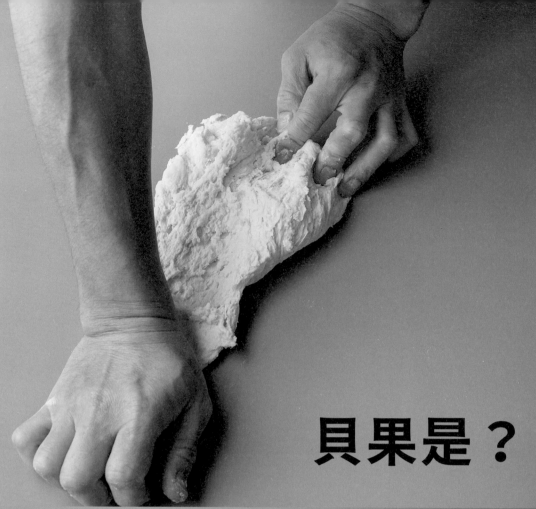

用少許水揉捏

貝果是？

靜置等待發酵

10

捲成甜甜圈狀

WHAT IS BAGELS?

先水煮後烘烤

用 3 款貝果
變化出多種口味

3 TYPES of BAGELS

鬆軟貝果

在高筋麵粉裡加入少許的低筋麵粉，就能做出鬆鬆軟軟又富有彈性，令人齒頰留香，老人小孩都很容易入口的貝果。這款貝果可以直接享用，或加上甜甜的果醬、水果，做成貝果三明治也很好吃。

FLUFFY & CHEWY

Q彈貝果

質地緊實又充滿嚼勁，是最能代表貝果口感的經典貝果。由於有加入蜂蜜和優格，即使短時間發酵，也能品嚐到小麥的香甜滋味。另外，做成沙拉式的貝果三明治或加熱烘烤來吃也都相當美味。

THICK & CHEWY

緊實貝果

Q軟彈牙的口感中充滿了濕潤感，是一款非常有韌性的貝果。雖然因長時間發酵以致有點難成形，但是可以充分品嚐到麵粉發酵的風味與美味。可以直接食用，也可以做成各種貝果三明治來享用。

MOIST & CHEWY

材料介紹

1.高筋麵粉:高筋麵粉是相當容易取得的材料,輕輕鬆鬆就能在家做出美味貝果!但高筋麵粉含有大量蛋白質,因此麵團容易變得硬邦邦要特別注意。在容易買到的高筋麵粉中我推薦的是山茶花、特級山茶花、北國之香、春之戀、雪力等。

2.低筋麵粉:多添加低筋麵粉來製作貝果時,可以做出口感鬆軟的麵團。本書除了低筋麵粉外,也會混入全麥麵粉或裸麥粉。全麥麵粉具有迷人的風味與香氣,富有嚼勁,口感絕佳;裸麥粉則具有甜美的味道與香氣。不過選擇裸麥粉時,請選擇不需要花太多時間吸水的細粉。

3.砂糖:能穩定發酵、增添風味。本書使用的是二砂糖,也可以用平常慣用的。

4.蜂蜜:主要用於燙麵的時候,它能帶出貝果特有的光澤。通常使用名為糖蜜的砂糖精製時順便產生的糖漿,但本書用的是蜂蜜。如果家裡沒有蜂蜜,也可改用砂糖。

5.水:建議使用礦物質含量比較少的常溫自來水。

6.酵母粉:使用的是能穩定發酵的即溶快發乾酵母粉。為了保持新鮮,開封後請密封並放進冰箱裡保存。

7.鹽巴:使用的是以海水製成、富含美味成分的鹽巴。

工具介紹

1.鍋子：用於燙麵的時候，大小至少要可以倒入1.5公升的水；寬口的鍋子比較好用，也可以用平底鍋代替。

2.調理碗：建議用直徑20公分左右的。

3.刮板：切割麵團用，也可使用菜刀。

4.打蛋器：用於攪拌鹽巴或砂糖，使其溶解於水中時使用。不用準備太大，小巧的打蛋器就很好用了。

5.塑膠布：二次發酵時，用來蓋住放在烤盤上的貝果。如果沒有塑膠布，也可以用打濕的抹布代替。

6.烘焙紙：請將烘焙紙裁切成12公分見方來使用，建議事先剪好備用。

7.夾子：可依自身需求準備，夾子用在燙麵時翻面貝果，非常方便。

8.擀麵棍：用來擀開麵團，用完後不水洗，用濕抹布擦淨晾乾就好，以免發霉。

9.濾網：撈起煮好的貝果時使用。

10.橡皮刮刀：用於將水分混入麵粉裡時使用；尺寸很小的橡皮刮刀也沒關係。

11.烤箱專用隔熱手套：建議使用五根手指分開來的隔熱手套；也可以戴上兩層園藝手套來代替。

12.電子秤：本書的材料是以公克（g）來標示，因此建議可以用1克為單位來測量的秤比較合適。

FLUFFY & CHEWY

BAGELS

CHAPTER 01

鬆軟
貝果

以高筋麵粉爲主，加入 10% 的低筋麵粉，就能做出柔軟的口感；
低筋麵粉最多可以加到 30%；若超過 30%，麵團就會變得太軟，不易成形。
這款貝果很適合搭配口感綿軟的食材一起享用。

FLUFFY & CHEWY
PLANE BAGELS

原味鬆軟貝果

PLANE
原味鬆軟貝果

材料 (4個)

高筋麵粉…270g
低筋麵粉…30g
酵母粉…2g
鹽巴…5g
二砂糖(或砂糖)…15g
水…160g

作法

[製作麵團]

1 將鹽巴、二砂糖、水倒入碗中,再用打蛋器攪拌均勻,充分溶解Ⓐ。

2 依序加入酵母粉、高筋麵粉、低筋麵粉,再用橡皮刮刀攪拌至看不見水分為止Ⓑ。

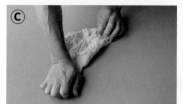

3 將麵糊取出放在檯面上,再用手把麵糊揉成一團;揉捏約3～5分鐘,直到表面呈光滑狀為止ⒸⒹ。

[一次發酵]

4 將麵團揉成工整的圓形後放入調理碗中,再用保鮮膜完全緊密地罩住,靜置於室溫下約40～50分鐘,使其發酵Ⓔ。

[揉捏成形]

5 待麵團膨脹到大一倍的程度之後，取出放在檯面上，用刮板切成4等分Ⓕ。

6 用手輕輕壓平其中一個麵團Ⓖ，再用擀麵棍擀成直徑15公分的圓形Ⓗ。

7 從後往前捲Ⓘ，捲好後捏緊麵團的開口，使其密合Ⓙ。

8 在檯面上滾動，滾成20公分左右的長度Ⓚ。

9 其中一邊壓扁2公分左右Ⓛ，再往另外一邊蓋，連成一圈ⓂⓃ。

10 放在裁切成12公分見方的烘焙紙上；剩下的3個麵團也以相同方式成形，放在烘焙紙上。

[二次發酵]

11 放在烤盤上，再蓋上塑膠布；靜置於室溫下40～50分鐘，等待其再次發酵至大一倍。

[燙麵&烘烤]

12 烤箱預熱至210℃。

13 用鍋子或平底鍋煮沸1.5公升的熱水，再加入1/2大匙的蜂蜜或砂糖（另外準備）充分溶解。待溫度上升到鍋底開始噗哧噗哧浮現出細小的氣泡（80～90℃）後，連同烘焙紙一起把貝果放入鍋中，兩面各煮1分鐘Ⓞ；將脫離的烘焙紙重新放回烤盤上。

14 烤盤鋪上烘焙紙，放上煮好的貝果Ⓟ，再放進預熱好的烤箱裡烤16～18分鐘，即完成。

HONEY & OATMEAL
蜂蜜燕麥貝果

材料 (4個)

高筋麵粉…210g
全麥麵粉…60g
燕麥片…45g
酵母粉…2g
鹽巴…5g
蜂蜜…15g
水…160g
燕麥片(裝飾用)…適量

作法

[製作麵團]

1 將鹽巴、二砂糖、水倒入碗中,再用打蛋器攪拌均勻,充分溶解。

2 依序加入酵母粉、高筋麵粉、全麥麵粉、燕麥片,再用橡皮刮刀攪拌至看不見水分為止。

3 將麵糊取出放在檯面上,再用手把麵糊揉成一團;揉捏約3～5分鐘,直到表面呈光滑狀為止。

[一次發酵]

4 將麵團揉成工整的圓形後放入調理碗中,再用保鮮膜完全緊密地罩住,靜置於室溫下約40～50分鐘,使其發酵。

[揉捏成形]

5 待麵團膨脹到大一倍的程度之後,取出放在檯面上,用刮板切成4等分。

6 用手輕輕壓平其中一個麵團,再用擀麵棍擀成直徑15公分的圓形。

7 從後往前捲,捲好後捏緊麵團的開口,使其密合。

8 在檯面上滾動,滾成20公分左右的長度。

9 其中一邊壓扁2公分左右,再往另外一邊蓋,連成一圈。

10 放在裁切成12公分見方的烘焙紙上;剩下的3個麵團也以相同方式成形,放在烘焙紙上。

[二次發酵]

11 放在烤盤上,再蓋上塑膠布;靜置於室溫下40～50分鐘,等待其再次發酵至大一倍。

[燙麵&烘烤]

12 烤箱預熱至210℃。

13 用鍋子或平底鍋煮沸1.5公升的熱水,再加入1/2大匙的蜂蜜或砂糖(另外準備)充分溶解。待溫度上升到鍋底開始噗哧噗哧浮現出細小的氣泡(80～90℃)後,連同烘焙紙一起把貝果放入鍋中,兩面各煮1分鐘;將脫離的烘焙紙重新放回烤盤上。

14 烤盤鋪上烘焙紙,放上煮好的貝果,再放進預熱好的烤箱裡烤14～16分鐘,即完成。

HONEY & OATMEAL

橙皮伯爵茶貝果
EARL GREY & ORANGE PEEL

材料 （4個）

高筋麵粉…270g

低筋麵粉…30g

磨碎的伯爵茶茶葉…4g

酵母粉…2g

鹽巴…5g

二砂糖（或砂糖）…15g

水…165g

橙皮…25g

A

B

C

D

E

EARL GREY & ORANGE PEEL

作法

[製作麵團]

1　將鹽巴、二砂糖、水、伯爵茶的茶葉Ⓐ倒入碗中，再用打蛋器攪拌均勻，充分溶解。

2　依序加入酵母粉、高筋麵粉、低筋麵粉，再用橡皮刮刀攪拌至看不見水分為止。

3　將麵糊取出放在檯上，再用手把麵糊揉成一團；揉捏約3～5分鐘，直到表面呈光滑狀為止。

4　把橙皮放在麵團上Ⓑ，再用手壓進麵團裡，接著撕扯麵團、揉成一團；重複以上的步驟ⒸⒹ，直到橙皮均勻地揉進麵團裡Ⓔ。

[一次發酵]

5　將麵團揉成工整的圓形後放入調理碗中，再用保鮮膜完全緊密地罩住，靜置於室溫下約40～50分鐘，使其發酵。

[揉捏成形]

6　待麵團膨脹到大一倍的程度之後，取出放在檯面上，用刮板切成4等分。

7　用手輕輕地壓平其中一個麵團，再用擀麵棍擀成直徑15公分的圓形。

8　從後往前捲，捲好後捏緊麵團的開口，使其密合。

9　在檯面上滾動，滾成20公分左右的長度。

10　其中一邊壓扁約2公分，再往另外一邊蓋連成一圈。

11　放在裁切成12公分見方的烘焙紙上；剩下的3個麵團也以相同方式成形，放在烘焙紙上。

[二次發酵]

12　放在烤盤上，再蓋上塑膠布；靜置於室溫下40～50分鐘，等待其再次發酵至大一倍。

[燙麵&烘烤]

13　烤箱預熱至180℃。

14　用鍋子或平底鍋煮沸1.5公升的熱水，再加入1/2大匙的蜂蜜或砂糖（另外準備）充分溶解。待溫度上升到鍋底開始噗哧噗哧浮現出細小的氣泡（80～90℃）後，連同烘焙紙一起把貝果放入鍋中，兩面各煮1分鐘；將脫離的烘焙紙重新放回烤盤上。

15　烤盤鋪上烘焙紙，放上煮好的貝果，再放進預熱好的烤箱裡烤20～22分鐘，即完成。

GREEN OLIVE, ANCHOVIES & THYME
百里香綠橄欖鯷魚貝果

材料 （4個）

高筋麵粉…270g

低筋麵粉…30g

百里香…2g

酵母粉…2g

鹽巴…4g

二砂糖（或砂糖）…15g

水…160g

綠橄欖（去籽）…80g

鯷魚…2片(6g)

前置作業

・將百里香的葉子從枝梗上摘下。

・綠橄欖稍微剁碎。

・每片鯷魚都切成6等分。

作法

[製作麵團]

1 將鹽巴、二砂糖、水倒入碗中,再用打蛋器攪拌均勻,充分溶解。

2 依序加入酵母粉、高筋麵粉、低筋麵粉、百里香,再用橡皮刮刀攪拌至看不見水分為止。

3 將麵糊取出放在檯面上,再用手把麵糊揉成一團;揉捏約3～5分鐘,直到表面呈光滑狀為止。

[一次發酵]

4 將麵團揉成工整的圓形後放入調理碗中,再用保鮮膜完全緊密地罩住,靜置於室溫下約40～50分鐘,使其發酵。

[揉捏成形]

5 待麵團膨脹到大一倍的程度之後,取出放在檯面上,用刮板切成4等分。

6 用手輕輕壓平其中一個麵團,再用擀麵棍擀成直徑15公分的圓形。

7 在後面放上各1/4的綠橄欖和鯷魚Ⓐ。從後面往前轉1圈,按住兩邊,再往前捲ⒷⒸ,捲好後捏緊麵團的開口,使其密合。

8 在檯面上滾動,滾成20公分左右的長度。

9 其中一邊壓扁約2公分,再往另外一邊蓋連成一圈。

10 放在裁切成12公分見方的烘焙紙上;剩下的3個麵團也以相同方式成形,放在烘焙紙上。

[二次發酵]

12 放在烤盤上,再蓋上塑膠布;靜置於室溫下40～50分鐘,等待其再次發酵至大一倍。

[燙麵&烘烤]

13 烤箱預熱至210℃。

14 用鍋子或平底鍋煮沸1.5公升的熱水,再加入1/2大匙的蜂蜜或砂糖（另外準備）充分溶解。待溫度上升到鍋底開始噗哧噗哧浮現出細小的氣泡(80～90℃)後,連同烘焙紙一起把貝果放入鍋中,兩面各煮1分鐘;將脫離的烘焙紙重新放回烤盤上。

15 烤盤鋪上烘焙紙,放上煮好的貝果,再放進預熱好的烤箱裡烤14～16分鐘,即完成。

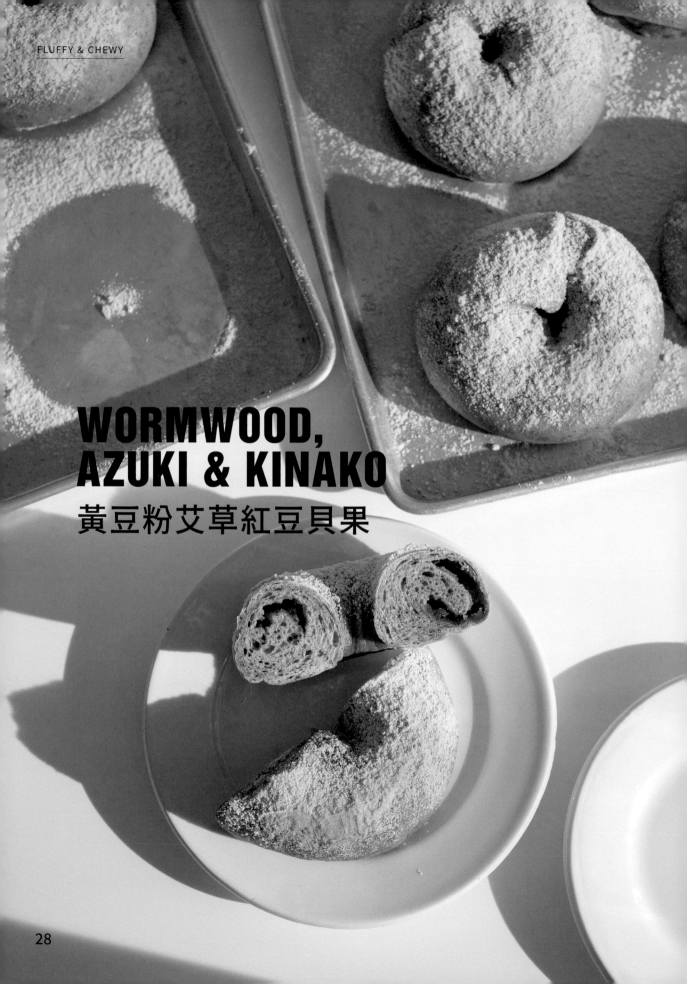

WORMWOOD, AZUKI & KINAKO

黃豆粉艾草紅豆貝果

材料 (4個)

高筋麵粉…270g
低筋麵粉…30g
艾草香…8g
酵母粉…2g
鹽巴…5g
二砂糖（或砂糖）…15g
水…165g
紅豆泥…80g
黃豆粉…適量

WORMWOOD, AZUKI & KINAKO

作法

[製作麵團]

1 將鹽巴、二砂糖、水倒入碗中，再用打蛋器攪拌均勻，充分溶解。

2 依序加入酵母粉、高筋麵粉、低筋麵粉、艾草粉Ⓐ，再用橡皮刮刀攪拌至看不見水分為止。

3 將麵糊取出放在檯面上，再用手把麵糊揉成一團；揉捏約3～5分鐘，直到表面呈光滑狀為止。

[一次發酵]

4 將麵團揉成工整的圓形後放入調理碗中，再用保鮮膜完全緊密地罩住，靜置於室溫下約40～50分鐘，使其發酵。

[揉捏成形]

5 待麵團膨脹到大一倍的程度之後，取出放在檯面上，用刮板切成4等分。

6 用手輕輕壓平其中一個麵團，再用擀麵棍擀成直徑15公分的圓形。

7 在後面塗上1/4的紅豆泥，再從後面往前捲；捲好後捏緊麵團的開口，使其密合。

8 在檯面上滾動，滾成20公分左右的長度。

9 其中一邊壓扁約2公分，再往另外一邊蓋連成一圈。

10 放在裁切成12公分見方的烘焙紙上；剩下的3個麵團也以相同方式成形，放在烘焙紙上。

[二次發酵]

11 放在烤盤上，再蓋上塑膠布；靜置於室溫下40～50分鐘，等待其再次發酵至大一倍。

[燙麵&烘烤]

12 烤箱預熱至190℃。

13 用鍋子或平底鍋煮沸1.5公升的熱水，再加入1/2大匙的蜂蜜或砂糖（另外準備）充分溶解。待溫度上升到鍋底開始噗哧噗哧浮現出細小的氣泡(80～90℃)後，連同烘焙紙一起把貝果放入鍋中，兩面各煮1分鐘；將脫離的烘焙紙重新放回烤盤上。

14 烤盤鋪上烘焙紙，放上煮好的貝果，再放進預熱好的烤箱裡烤18～20分鐘，即完成。

利用不同的麵粉特性，製作更有口感的貝果

在所有麵包種類中，貝果的含水量可說是最少的，因此能將「小麥的個性」發揮到淋漓盡致，可以吃到最純粹的麵粉香味。以下為各位介紹我特別推薦的高筋麵粉及其特色。

山茶花／特級山茶花（カメリヤ／スーパーカメリヤ）

此為加拿大產與美國產的混合高筋麵粉。富含大量的蛋白質，礦物質比較少，保水性極佳，不容易沾黏，是初學者也很容易上手的麵粉。可以製作出既有韌性、口感濕潤又鬆軟的貝果。這款麵粉相當容易購買，所以很適合被當成是專門給初學者使用的麵粉。另外，只要以低溫慢慢地長時間一次發酵，就能帶出這種麵粉本來的風味。小麥的美味與甜味的比例也恰到好處，且有彈性，分量感十足。

雪力（ゆきちから）

在所有日本國產小麥中，沒有奇怪的味道，且具有甜味與清爽的餘韻是雪力的一大特色。事實上，它也經常被用來製作硬麵包，可以烘烤出非常香的成品。另外，烤好後的麵包不會膨脹太多，也不會干擾到其他食材的香味或三明治的食材風味。想製作每天吃也吃不膩的貝果時，非常推薦使用這款低筋麵粉。

春之戀（春よ恋）

在日本國產小麥中，春之戀的質地濕潤溫和，可以做出鬆軟綿密的口感。另外，它具有適度的Q軟彈牙感和麵粉特有的香味，味道十分單純，很適合夾入配菜或搭配抹醬做成三明治享用。使用這款麵粉製作時，建議比食譜上的作法再減少5～10g的水分來製作。

BELLE MOULIN

美國產和加拿大產的混合高筋麵粉。質地兼具濕潤與彈性，具有強烈的小麥香味是其特徵。另外，烤出來的貝果個頭扎實、分量十足。待熟悉貝果的作法，想挑戰一些比較講究的高筋麵粉時，這款麵粉不僅很好處理，還能做出風味獨特的貝果。

南部小麥粉（テリア特号）

日本國產的高筋麵粉中，這款小麥粉的礦物質含量特別高，因此愈嚼愈能品嚐到小麥的美味。另外，基於日本國產小麥特有的澱粉成分，其口感十分彈牙，因此能做成把美味全部濃縮在裡頭的Q彈貝果。使用這款麵粉製作時，建議比食譜上的作法再減少5～10g的水分來製作。

北國之香（キタノカオリ）

日本國產小麥中，北國之香的蛋白質含量特別高，可以做成緊實又有韌性的貝果。麵粉帶有獨特的偏黃色調，香味比較不明顯，但是強烈的美味與甜味可說是日本國產小麥中最迷人的一種。

THICK & CHEWY BAGELS

CHAPTER 02

Q彈貝果

一次發酵的所需時間比較短，可改用優格來補足發酵的風味。
另外，這款麵團的氣孔比較少，所以紋理相當細緻；
Q 軟的同時具有彈牙口感，是其一大特徵。
事實上，這種富有嚼勁的貝果，可說是最傳統的經典口味。

THICK & CHEWY
PLANE BAGELS

原味 Q 彈貝果

PLANE
原味 Q 彈貝果

材料（4個）

高筋麵粉…300g
酵母粉…1g(1/3小匙)
鹽巴…5g
蜂蜜（或砂糖）…10g
水…155g
原味優格（或水）…10g

作法

[製作麵團]

1 將鹽巴、蜂蜜、水、原味優格倒入碗中，再用打蛋器攪拌均勻，充分溶解Ⓐ。

2 依序加入酵母粉、高筋麵粉，再用橡皮刮刀攪拌至看不見水分為止。

3 將麵糊取出放在檯面上，再用手把麵糊揉成一團；揉捏約3～5分鐘，直到表面呈光滑狀為止ⒷⒸⒹ。

[一次發酵]

4 將麵團揉成工整的圓形放在檯面上，再蓋上調理碗，靜置於室溫下20分鐘左右，使其發酵Ⓔ。

[揉捏成形]

5 待麵團膨脹到大一倍的程度之後，取出放在檯面上，用刮板切成4等分。

6 用手輕輕壓平其中一個麵團，再用擀麵棍擀成直徑15公分的圓形。

7 從後往前捲Ｆ，捲好後捏緊麵團的開口，使其密合Ｇ。

8 在檯面上滾動，滾成22公分左右的長度Ｈ。

9 其中一邊壓扁2公分左右Ｉ，再按住壓扁的部分轉2圈Ｊ後往另一邊蓋，連成一圈ＫＬＭ。

10 放在裁切成12公分見方的烘焙紙上；剩下的3個麵團也以相同方式成形，放在烘焙紙上。

[二次發酵]

11 放在烤盤上，再蓋上塑膠布；靜置於室溫下40～50分鐘，等待其再次發酵至大一倍。

[燙麵&烘烤]

12 烤箱預熱至210℃。

13 用鍋子或平底鍋煮沸1.5公升的熱水，再加入1/2大匙的蜂蜜或砂糖（另外準備）充分溶解。待溫度上升到鍋底開始噗哧噗哧浮現出細小的氣泡(80～90℃)後，連同烘焙紙一起把貝果放入鍋中，兩面各煮1分鐘Ｎ；將脫離的烘焙紙重新放回烤盤上。

14 烤盤鋪上烘焙紙，放上煮好的貝果Ｏ，再放進預熱好的烤箱裡烤14～16分鐘，即完成。

MACCHA, CRANBERRY & LEMON PEEL

檸香抹茶蔓越莓貝果

材料 (4個)

高筋麵粉…300g
抹茶粉…10g
酵母粉…1g(1/3小匙)
鹽巴…5g
細砂糖(或砂糖)…10g
水…165g
原味優格(或水)…10g
蔓越莓乾…25g
檸檬皮…15g

前置作業

・檸檬皮稍微剁碎備用。

作法

[製作麵團]

1 將鹽巴、細砂糖、水、原味優格倒入碗中,再用打蛋器攪拌均勻,充分溶解。

2 依序加入酵母粉、高筋麵粉、抹茶粉,再用橡皮刮刀攪拌至看不見水分為止。

3 將麵糊取出放在檯面上,再用手把麵糊揉成一團;揉捏約3～5分鐘,直到表面呈光滑狀為止。

4 把蔓越莓乾和檸檬皮放在麵團上,用手壓進麵團裡,再撕扯麵團、揉成一團;重複上述步驟,直到蔓越莓乾和檸檬皮被均勻地揉進麵團裡。

[一次發酵]

5 將麵團揉成工整的圓形後放入調理碗中,再蓋上調理碗,靜置於室溫下20分鐘左右,使其發酵。

[揉捏成形]

6 待麵團膨脹到大一倍的程度之後,取出放在檯面上,用刮板切成4等分。

7 用手輕輕壓平其中一個麵團,再用擀麵棍擀成直徑15公分的圓形。

8 從後面往前捲,捲好後捏緊麵團的開口,使其密合。

9 在檯面上滾動,滾成22公分左右的長度。

10 其中一邊壓扁2公分左右,再按住壓扁的部分轉2圈後往另外一邊蓋,連成一圈。

11 放在裁切成12公分見方的烘焙紙上;剩下的3個麵團也以相同方式成形,放在烘焙紙上。

[二次發酵]

12 放在烤盤上,再蓋上塑膠布;靜置於室溫下40～50分鐘,等待其再次發酵至大一倍。

[燙麵&烘烤]

13 烤箱預熱至180℃。

14 用鍋子或平底鍋煮沸1.5公升的熱水,再加入1/2大匙的蜂蜜或砂糖(另外準備)充分溶解。待溫度上升到鍋底開始噗哧噗哧浮現出細小的氣泡(80～90℃)後,連同烘焙紙一起把貝果放入鍋中,兩面各煮1分鐘;將脫離的烘焙紙重新放回烤盤上。

15 烤盤鋪上烘焙紙,放上煮好的貝果,再放進預熱好的烤箱裡烤20～22分鐘,即完成。

MACCHA, CRANBERRY & LEMON PEEL

BROWN SUGAR, COFFEE & CHOCOLATE CHIPS

黑糖咖啡可可豆貝果

材料 （4個）

高筋麵粉…300g
酵母粉…1g(1/3小匙)
鹽巴…5g
黑糖（顆粒）…20g
即溶咖啡…2g
水…155g
原味優格（或水）…10g
巧克力豆…30g

作法

[製作麵團]

1 將鹽巴、黑糖、即溶咖啡、水、原味優格倒入碗中，再用打蛋器攪拌均勻，充分溶解。

2 依序加入酵母粉、高筋麵粉，再用橡皮刮刀攪拌至看不見水分為止。

3 將麵糊取出放在檯面上，再用手把麵糊揉成一團；揉捏約3～5分鐘，直到表面呈光滑狀為止。

4 把巧克力豆放在麵團上，用手壓進麵團裡，再撕扯麵團、揉成一團；重複上述步驟，直到巧克力豆被均勻地揉進麵團內。

[一次發酵]

5 將麵團揉成工整的圓形後放入調理碗中，再蓋上調理碗，靜置於室溫下20分鐘左右，使其發酵。

[揉捏成形]

6 待麵團膨脹到大一倍的程度之後，取出放在檯面上，用刮板切成4等分。

7 用手輕輕壓平其中一個麵團，再用擀麵棍擀成直徑15公分的圓形。

8 從後面往前捲，捲好後捏緊麵團的開口，使其密合。

9 在檯面上滾動，滾成22公分左右的長度。

10 其中一邊壓扁2公分左右，再按住壓扁的部分轉2圈後往另外一邊蓋，連成一圈。

11 放在裁切成12公分見方的烘焙紙上；剩下的3個麵團也以相同方式成形，放在烘焙紙上。

[二次發酵]

12 放在烤盤上，再蓋上塑膠布；靜置於室溫下40～50分鐘，等待其再次發酵至大一倍。

[燙麵&烘烤]

13 烤箱預熱至200℃。

14 用鍋子或平底鍋煮沸1.5公升的熱水，再加入1/2大匙的蜂蜜或砂糖（另外準備）充分溶解。待溫度上升到鍋底開始噗哧噗哧浮現出細小的氣泡（80～90℃）後，連同烘焙紙一起把貝果放入鍋中，兩面各煮1分鐘；將脫離的烘焙紙重新放回烤盤上。

15 烤盤鋪上烘焙紙，放上煮好的貝果，再放進預熱好的烤箱裡烤16～18分鐘，即完成。

BROWN SUGAR, COFFEE & CHOCOLATE CHIPS

PROCESSED CHEESE & ROSEMARY
迷迭香起司貝果

材料 (4個)

高筋麵粉…270g
全麥麵粉…30g
迷迭香…1根
酵母粉…1g(1/3小匙)
鹽巴…5g
蜂蜜(或砂糖)…12g
水…155g
原味優格(或水)…12g
加工起司…80g
起司粉…20g

前置作業

・ 把迷迭香的葉子從枝梗上摘下來,稍微剁碎,取出一半與起司粉攪拌均勻備用。

・ 加工起司切成0.5公分的小丁狀備用。

作法

[製作麵團]

1 將鹽巴、蜂蜜、水、原味優格倒入碗中,再用打蛋器攪拌均勻,充分溶解。

2 依序加入酵母粉、高筋麵粉、全麥麵粉、迷迭香,再用橡皮刮刀攪拌至看不見水分為止。

3 將麵糊取出放在檯面上,再用手把麵糊揉成一團;揉捏約3～5分鐘,直到表面呈光滑狀為止。

[一次發酵]

4 將麵團揉成工整的圓形後放入調理碗中,再蓋上調理碗,靜置於室溫下20分鐘左右,使其發酵。

[揉捏成形]

5 待麵團膨脹到大一倍的程度之後,取出放在檯面上,用刮板切成4等分。

6 用手輕輕壓平其中一個麵團,再用擀麵棍擀成直徑15公分的圓形。

7 後面放上1/4的加工起司;從後面往前轉1圈,按住兩邊再往前捲,捲好後捏緊麵團的開口,使其密合。

8 在檯面上滾動,滾成22公分左右的長度。

9 其中一邊壓扁2公分左右,再按住壓扁的部分轉2圈後往另外一邊蓋,連成一圈。

10 放在裁切成12公分見方的烘焙紙上;剩下的3個麵團也以相同方式成形,放在烘焙紙上。

[二次發酵]

11 放在烤盤上,再蓋上塑膠布;靜置於室溫下40～50分鐘,等待其再次發酵至大一倍。

[燙麵&烘烤]

12 烤箱預熱至200℃。

13 用鍋子或平底鍋煮沸1.5公升的熱水,再加入1/2大匙的蜂蜜或砂糖(另外準備)充分溶解。待溫度上升到鍋底開始噗咻噗咻浮現出細小的氣泡(80～90℃)後,連同烘焙紙一起把貝果放入鍋中,兩面各煮1分鐘;將脫離的烘焙紙重新放回烤盤上。

14 烤盤鋪上烘焙紙,放上煮好的貝果;均勻撒上混入起司粉的迷迭香,再放進預熱好的烤箱裡烤16～18分鐘,即完成。

PROCESSED CHEESE & ROSEMARY

材料 (4個)

高筋麵粉…300g
炒過的黑芝麻…30g
酵母粉…1g(1/3小匙)
鹽巴…5g
蜂蜜(或砂糖)…10g
水…155g
原味優格(或水)…10g

芝麻抹醬
　黑芝麻糊…1大匙
　砂糖…1大匙
　味噌…1又1/2小匙

炒過的白芝麻…適量

前置作業

• 把芝麻抹醬的材料拌勻備用。

作法

[製作麵團]

1 將鹽巴、蜂蜜、水、原味優格倒入碗中,再用打蛋器攪拌均勻,充分溶解。

2 依序加入酵母粉、高筋麵粉、炒過的黑芝麻,再用橡皮刮刀攪拌至看不見水分為止。

3 將麵糊取出放在檯面上,再用手把麵糊揉成一團;揉捏約3～5分鐘,直到表面呈光滑狀為止。

[一次發酵]

4 將麵團揉成工整的圓形後放入調理碗中,再蓋上調理碗,靜置於室溫下20分鐘左右,使其發酵。

[揉捏成形]

5 待麵團膨脹到大一倍的程度之後,取出放在檯面上,用刮板切成4等分。

6 用手輕輕壓平其中一個麵團,再用擀麵棍擀成直徑15公分的圓形。

7 在後面塗上1/4的芝麻抹醬;從後面往前捲,捲好後捏緊麵團的開口,使其密合。

8 在檯面上滾動,滾成22公分左右的長度。

9 其中一邊壓扁2公分左右,再按住壓扁的部分轉2圈後往另外一邊蓋,連成一圈。

10 放在裁切成12公分見方的烘焙紙上;剩下的3個麵團也以相同方式成形,放在烘焙紙上。

[二次發酵]

11 放在烤盤上,再蓋上塑膠布;靜置於室溫下40～50分鐘,等待其再次發酵至大一倍。

[燙麵&烘烤]

12 烤箱預熱至210℃;炒過的白芝麻倒進碗中備用。

13 用鍋子或平底鍋煮沸1.5公升的熱水,再加入1/2大匙的蜂蜜或砂糖(另外準備)充分溶解。待溫度上升到鍋底開始噗哧噗哧浮現出細小的氣泡(80～90℃)後,連同烘焙紙一起把貝果放入鍋中,兩面各煮1分鐘;將脫離的烘焙紙重新放回烤盤上。

14 把燙過的貝果表面朝下,放進加入炒過白芝麻的碗裡,沾上大量的芝麻Ⓐ,再把貝果移到鋪有烘焙紙的烤盤上,接著放進預熱好的烤箱裡烤14～16分鐘,即完成。

SESAME PASTE
& SESAME
黑白芝麻貝果

掌握水分的黃金比例，是貝果的美味關鍵

與一般小麥製品是靠「不斷揉擀出麩質」與「經由成形的扭轉來改變韌性」，貝果的好吃關鍵在於水分的含量比例；掌握貝果水分的黃金比例，就能變化出嚼勁、Q度、彈牙的各種口感。水分的含量比較少可以增加密度，形成緊實的嚼勁與口感，反之，若增加水分的含量，則會改變麩質和澱粉的成分，變成具有柔軟、Q彈的口感。一般來說，建議的含水量為高筋麵粉的 50 ～ 58%。不過也可以多多嘗試，找出自己喜歡的水分比例。

50%

發酵所造成的氣泡比較不會亂冒，會形成大小均一的孔洞，但完全沒有鬆軟的口感。如果想做成鬆軟又彈牙的貝果，這樣的水分比例無法取得好的發酵成果，即使做成甜甜圈狀，燙麵時也會散開。所以這種含水比例比較適合做成Q彈貝果和緊實貝果。

52%

本書最推薦的水分比例，不僅具有充滿貝果風味的強烈嚼勁，同時也能品嚐到發酵的熟成彈性，以及麵粉的香味，可以用來製作本書的所有貝果，是適用於各種貝果的含水比例。

54％

為了呈現出貝果富有嚼勁的獨特口感，含水量要稍微多一點，只不過，如此也很容易先呈現出澱粉造成的彈牙口感，因此很容易咬斷。如果喜歡貝果軟Q彈牙的口感和順口的感覺，特別推薦用這種含水比例來製作。

56％

比較沒有嚼勁，能做成軟Q彈牙、鬆軟綿密的貝果。烘烤後麵團也不會變得太緊實，表面也不會變成繃緊的救生圈狀。很適合加入抹茶粉或可可粉、南瓜泥等；如果想凸顯溫和的風味，建議用低溫烘烤。由於含水量較多，成形時需要一點技巧，否則雙手和檯面很容易沾得到處都是麵糊。

58％

口感鬆鬆軟軟，吃起來的感覺幾乎跟一般的麵包差不多。與56％的含水量一樣，成形時需要手粉，否則麵糊很容易把手和檯面沾得到處都是。如果是緊實貝果，發酵時會形成強烈的熟成風味，但幾乎沒有韌性或嚼勁等傳統貝果應有的口感。

MOIST & CHEWY

BAGELS

CHAPTER 03

緊實貝果

必須經由 8～10 小時的低溫進行一次發酵，好讓水分徹底滲透到麵粉裡；
由於充分的發酵會讓麵團產生氣泡，因此可以形成緊實中不失韌性的口感；
「一次發酵」與「成形」之間還加入了切割和靜置休息的時間，
也是這款貝果才有的特點。

MOIST & CHEWY
PLANE BAGELS

原味緊實貝果

PLANE
原味緊實貝果

材料 (4個)

高筋麵粉…300g
酵母粉…1g(1/3小匙)
鹽巴…5g
蜂蜜(或砂糖)…12g
水…100g
無添加豆漿…60g(或水55g)

作法

[製作麵團]

1 將鹽巴、蜂蜜、水、無添加豆漿倒入碗中Ⓐ，再用打蛋器攪拌均勻，充分溶解。

2 依序加入酵母粉、高筋麵粉，再用橡皮刮刀攪拌至看不見水分為止Ⓑ。

3 將麵糊取出放在檯面上，再用手把麵糊揉成一團；揉捏約3～5分鐘，直到表面呈光滑狀為止ⒸⒹ。

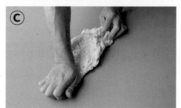

[一次發酵]

4 將麵團揉成工整的圓形後放入調理碗中，再用保鮮膜完全緊密地罩住，靜置於室溫下約15分鐘，接著放進冰箱的冷藏區，發酵8～10小時Ⓔ。

[**切割＆靜置休息**]

5 待麵團膨脹到大一倍的程度
之後，取出放在檯面上，用刮
板切成4等分Ｆ。

6 蓋上調理碗，靜置於室溫下
30分鐘左右Ｇ。

[**揉捏成形**]

7 用手輕輕地壓平其中一個麵
團，再用擀麵棍擀成直徑15
公分的圓形。

8 從後往前捲，捲好後捏緊麵
團的開口，使其密合Ｈ。

9 在檯面上滾動，滾成25公分
左右的長度。

10 其中一邊壓扁2公分左右Ｉ，
再按住壓扁的部分轉3圈Ｊ
後往另一邊蓋，連成一圈ＫＬ。

11 放在裁切成12公分見方的烘
焙紙上；剩下的3個麵團也
以相同方式成形，放在烘焙
紙上。

[**二次發酵**]

12 放在烤盤上，再蓋上塑膠布；靜置於室溫下40～50
分鐘，等待其再次發酵至大一倍Ｍ。

[**燙麵＆烘烤**]

13 烤箱預熱至210℃。

14 用鍋子或平底鍋煮沸1.5公升的熱水，再加入1/2大
匙的蜂蜜或砂糖（另外準備）充分溶解。待溫度上升
到鍋底開始噗哧噗哧浮現出細小的氣泡（80～90℃）
後，連同烘焙紙一起把貝果放入鍋中，兩面各煮1分
鐘；將脫離的烘焙紙重新放回烤盤上。

15 烤盤鋪上烘焙紙，放上煮好的貝果Ｎ，再放進預熱好
的烤箱裡烤14～16分鐘，即完成。

CINNAMON &
BLUEBERRY
肉桂藍莓貝果

材料 (4個)

高筋麵粉…270g

裸麥粉（或高筋麵粉）…30g

肉桂粉…2g

酵母粉…1g（1/3小匙）

鹽巴…5g

蜂蜜（或砂糖）…12g

水…100g

無添加豆漿…60g（或水55g）

藍莓乾…40g

作法

[製作麵團]

1 將鹽巴、蜂蜜、水、無添加豆漿倒入碗中，再用打蛋器攪拌均勻，充分溶解。

2 依序加入酵母粉、高筋麵粉、裸麥粉、肉桂粉，再用橡皮刮刀攪拌至看不見水分為止。

3 將麵糊取出放在檯面上，再用手把麵糊揉成一團；揉捏約3～5分鐘，直到表面呈光滑狀為止。

[一次發酵]

4 將麵團揉成工整的圓形後放入調理碗中，再用保鮮膜完全緊密地罩住，靜置於室溫下約15分鐘，接著放進冰箱的冷藏區，發酵8～10小時。

[切割&靜置休息]

5 待麵團膨脹到大一倍的程度之後，取出放在檯面上，用刮板切成4等分。

6 蓋上調理碗，靜置於室溫下30分鐘左右。

[揉捏成形]

7 用手輕輕壓平其中一個麵團，放上1/8的藍莓乾，用擀麵棍擀成直徑18公分的圓形Ⓐ；從麵團的邊緣往中央摺疊Ⓑ，再放上1/8的藍莓乾Ⓒ，用擀麵棍擀成直徑15公分的圓形Ⓓ。

8 從後面往前捲Ⓔ，捲好後捏緊開口，使其密合。

9 在檯面上滾動，滾成25公分左右的長度。

10 其中一邊壓扁2公分左右，再按住壓扁的部分轉3圈後往另外一邊蓋，連成一圈。

11 放在裁切成12公分見方的烘焙紙上；剩下的3個麵團也以相同方式成形，放在烘焙紙上。

[二次發酵]

12 放在烤盤上，再蓋上塑膠布；靜置於室溫下40～50分鐘，等待其再次發酵至大一倍。

[燙麵&烘烤]

13 烤箱預熱至210℃。

14 用鍋子煮沸1.5公升的熱水，再加入1/2大匙的蜂蜜或砂糖（另外準備）充分溶解。待溫度上升到浮出小氣泡後，連同烘焙紙一起把貝果放入鍋中，兩面各煮1分鐘；將脫離的烘焙紙重新放回烤盤上。

15 把煮好的貝果放在烤盤上，再放進預熱好的烤箱裡烤16～18分鐘，即完成。

FIG & WALNUT
無花果核桃貝果

材料 （4個）

高筋麵粉…240g
全麥麵粉…60g
小豆蔻粉（選用）…1g
酵母粉…1g（1/3小匙）
鹽巴…5g
蜂蜜（或砂糖）…12g
水…100g
無添加豆漿…50g（或水45g）
無花果乾…40g
核桃…20g

前置作業

· 無花果乾和核桃切成約1公分的小丁備用。

FIG & WALNUT

作法

[製作麵團]

1 將鹽巴、蜂蜜、水、無添加豆漿倒入碗中，再用打蛋器攪拌均勻，充分溶解。

2 依序加入酵母粉、高筋麵粉、全麥麵粉、小豆蔻粉，再用橡皮刮刀攪拌至看不見水分為止。

3 將麵糊取出放在檯面上，再用手把麵糊揉成一團；揉捏約3～5分鐘，直到表面呈光滑狀為止。

[一次發酵]

4 將麵團揉成工整的圓形後放入調理碗中，再用保鮮膜完全緊密地罩住，靜置於室溫下約15分鐘，接著放進冰箱的冷藏區，發酵8～10小時。

[切割&靜置休息]

5 待麵團膨脹到大一倍的程度之後，取出放在檯面上，用刮板切成4等分。

6 蓋上調理碗，靜置於室溫下30分鐘左右。

[揉捏成形]

7 用手輕輕壓平其中一個麵團，放上各1/8的無花果乾和核桃，用擀麵棍擀成直徑18公分的圓形；從麵團的邊緣往中央摺疊，再放上各1/8的無花果乾和核桃，用擀麵棍擀成直徑15公分的圓形。

8 從後面往前捲，捲好後捏緊開口，使其密合。

9 在檯面上滾動，滾成25公分左右的長度。

10 其中一邊壓扁2公分左右，再按住壓扁的部分轉3圈後往另外一邊蓋，連成一圈。

11 放在裁切成12公分見方的烘焙紙上；剩下的3個麵團也以相同方式成形，放在烘焙紙上。

[二次發酵]

12 放在烤盤上，再蓋上塑膠布；靜置於室溫下40～50分鐘，等待其再次發酵至大一倍。

[燙麵&烘烤]

13 烤箱預熱至210℃。

14 用鍋子煮沸1.5公升的熱水，再加入1/2大匙的蜂蜜或砂糖（另外準備）充分溶解。待溫度上升到浮出小氣泡後，連同烘焙紙一起把貝果放入鍋中，兩面各煮1分鐘；將脫離的烘焙紙重新放回烤盤上。

15 把煮好的貝果放在烤盤上，再放進預熱好的烤箱裡烤16～18分鐘，即完成。

GARLIC, ONION & TOMATO
蒜味洋蔥番茄貝果

材料 （4個）

高筋麵粉…300g

大蒜粉…1g

酵母粉…1g（1/3小匙）

鹽巴…5g

蜂蜜（或砂糖）…12g

水…100g

番茄糊…15g

無添加豆漿…50g（或水55g）

炸洋蔥…30g

番茄乾…25g

起司片…4片

炸洋蔥（裝飾用）…適量

前置作業

・ 番茄乾切成1公分的小丁備用。

作法

[製作麵團]

1 將鹽巴、蜂蜜、水、番茄糊、無添加豆漿倒入碗中，再用打蛋器攪拌均勻，充分溶解。

2 依序加入酵母粉、高筋麵粉、大蒜粉，再用橡皮刮刀攪拌至看不見水分為止。

3 將麵糊取出放在檯面上，再用手把麵糊揉成一團；揉捏約3～5分鐘，直到表面呈光滑狀為止。

[一次發酵]

4 將麵團揉成工整的圓形後放入調理碗中，再用保鮮膜完全緊密地罩住，靜置於室溫下約15分鐘，接著放進冰箱的冷藏區，發酵8～10小時。

[切割＆靜置休息]

5 待麵團膨脹到大一倍的程度之後，取出放在檯面上，用刮板切成4等分。

6 蓋上調理碗，靜置於室溫下30分鐘左右。

[揉捏成形]

7 用手輕輕壓平其中一個麵團，放上各1/8的炸洋蔥和番茄乾，用擀麵棍擀成直徑18公分的圓形；從麵團的邊緣往中央摺疊，再放上各1/8的炸洋蔥和番茄乾，用擀麵棍擀成直徑15公分的圓形。

8 從後面往前捲，捲好後捏緊開口，使其密合。

9 在檯面上滾動，滾成25公分左右的長度。

10 其中一邊壓扁2公分左右，再按住壓扁的部分轉3圈後往另外一邊蓋，連成一圈。

11 放在裁切成12公分見方的烘焙紙上；剩下的3個麵團也以相同方式成形，放在烘焙紙上。

[二次發酵]

12 放在烤盤上，再蓋上塑膠布；靜置於室溫下40～50分鐘，等待其再次發酵至大一倍。

[燙麵＆烘烤]

13 烤箱預熱至210℃。

14 用鍋子煮沸1.5公升的熱水，再加入1/2大匙的蜂蜜或砂糖（另外準備）充分溶解。待溫度上升到浮出小氣泡後，連同烘焙紙一起把貝果放入鍋中，兩面各煮1分鐘；將脫離的烘焙紙重新放回烤盤上。

15 把煮好的貝果放在烤盤上，再放進預熱好的烤箱裡烤16～18分鐘。

16 從烤箱裡取出貝果，分別放上一片起司Ⓐ、均勻地撒上炸洋蔥Ⓑ，即完成。

PUMPKIN & SOY MILK
南瓜豆漿貝果

材料 （4個）

高筋麵粉…250g
肉豆蔻粉（選用）…1g
南瓜泥…70g
酵母粉…1g（1/3小匙）
鹽巴…5g
蜂蜜（或砂糖）…12g
水…30g
無添加豆漿…110g（或水105g）

前置作業

· 南瓜去皮，刮除種籽和瓜囊，蒸好後搗成南瓜泥備用。

作 法

［製作麵團］

1　將鹽巴、蜂蜜、水、無添加豆漿倒入碗中，再用打蛋器攪拌均勻，充分溶解。
2　依序加入酵母粉、高筋麵粉、肉豆蔻粉、南瓜泥，再用橡皮刮刀攪拌至看不見水分為止。
3　將麵糊取出放在檯面上，再用手把麵糊揉成一團；揉捏約3～5分鐘，直到表面呈光滑狀為止。

［一次發酵］

4　將麵團揉成工整的圓形後放入調理碗中，再用保鮮膜完全緊密地罩住，靜置於室溫下約15分鐘，接著放進冰箱的冷藏區，發酵8～10小時。

［切割＆靜置休息］

5　待麵團膨脹到大一倍的程度之後，取出放在檯面上，用刮板切成4等分。
6　蓋上調理碗，靜置於室溫下30分鐘左右。

［揉捏成形］

7　用手輕輕壓平其中一個麵團，再用擀麵棍擀成直徑15公分的圓形。
8　從後面往前捲，捲好後捏緊開口，使其密合。
9　在檯面上滾動，滾成25公分左右的長度。
10　其中一邊壓扁2公分左右，再按住壓扁的部分轉3圈後往另外一邊蓋，連成一圈。
11　放在裁切成12公分見方的烘焙紙上；剩下的3個麵團也以相同方式成形，放在烘焙紙上。

［二次發酵］

12　放在烤盤上，再蓋上塑膠布；靜置於室溫下40～50分鐘，等待其再次發酵至大一倍。

［燙麵＆烘烤］

13　烤箱預熱至190℃。
14　用鍋子煮沸1.5公升的熱水，再加入1/2大匙的蜂蜜或砂糖（另外準備）充分溶解。待溫度上升到浮出小氣泡後，連同烘焙紙一起把貝果放入鍋中，兩面各煮1分鐘；將脫離的烘焙紙重新放回烤盤上。
15　把煮好的貝果放在烤盤上，再放進預熱好的烤箱裡烤18～20分鐘，即完成。

PUMPKIN & SOY MILK

掌控烘烤的溫度與時間，貝果的色·香·味一次到位

貝果的顏色、光澤、香味、麵體口感等，會隨著烘烤的溫度及時間而異，
爲此，當加入容易燒焦、想留下香氣的材料時要特別注意。

180℃／20～22分鐘

這是在麵團裡混入可可粉或抹茶粉、紅茶茶葉等，又不想干擾其色澤或風味時建議的烘烤溫度和時間。以這種方式烘烤時表面與麵團的口感幾乎相同，很容易咬斷。不過不太容易上色，所以貝果煮過後一定要把水分徹底瀝乾再送進烤箱，否則可能會有部分麵團沒烤熟，要特別小心。另外，表面不太會出現光澤也是其特徵之一。

190℃／18～20分鐘

這種溫度和時間可以烤出恰到好處的焦色，貝果會徹底地吸附香氣，麵團的口感也會變軟；適合在麵團裡有加入容易燒焦的食材，例如：較甜的果乾、柑橘類的果皮等；跟180℃一樣，表面不容易烤出光澤感。

200℃／16～18分鐘

這是很容易上色，也很容易烤出光澤的溫度及時間。膨脹或彈性比用210℃烤出來的貝果稍微低一點。另外，即使是用烤箱內部空間比較小的家庭用烤箱、火力比較小的烤箱來烤，也可以烤得很均勻，不容易烤焦，所以這是作者最推薦的溫度與時間。

210℃／14～16分鐘

建議使用這個溫度與時間，來烤本書裡沒有加入其他食材的原味或比較簡單的貝果。烤箱內部的火力比較高，因此很容易烤出具有彈性或分量十足的貝果。另外，煮貝果時水分會一口氣跑光光，能烤出光澤也是其特徵。然而，若是用烤箱內部空間比較小的家庭用烤箱很容易烤焦，所以烘烤時要一面觀察火候。

220℃／12～14分鐘

火力很大，能將麵團烤成圓滾滾、充滿彈性與光澤的貝果。只不過，如果是水分比較多的貝果，一旦開始冷卻表面就會變得皺巴巴。用大型烤箱烘烤時可以烤出表面酥脆、裡頭Q軟彈牙的貝果。不過，很容易烤得不均勻，所以也必須特別留意。

DIFFERENT TYPES of BAGELS

CHAPTER 04

玩出不同口感
的百變貝果

以基本的三種貝果為核心，可以再變化出：
表皮酥酥脆脆的脆皮貝果；用兩種麵團製作成大理石貝果；
或包入食材做成夾餡貝果、編入德國香腸做成辮子貝果；
在燙麵的熱水裡加入小蘇打粉，還能做成香氣四溢、光澤照人的蝴蝶餅風味貝果，
本章將為各位介紹如何保留貝果特有的口感，又能變化出不同色香味的各式百變貝果。

CRISPY-PLANE
脆皮原味貝果

材料 (4個)

高筋麵粉…240g
低筋麵粉…60g
酵母粉…2g
鹽巴…5g
蜂蜜(或砂糖)…12g
水…140g
原味優格(或水)…15g

作法

[製作麵團]

1 將鹽巴、蜂蜜、水、原味優格倒入碗中,再用打蛋器攪拌均勻,充分溶解。

2 依序加入酵母粉、高筋麵粉、低筋麵粉,再用橡皮刮刀攪拌至看不見水分為止。

3 將麵糊取出放在檯面上,再用手把麵糊揉成一團;揉捏約3～5分鐘,直到表面呈光滑狀為止。

[一次發酵]

4 將麵團揉成工整的圓形後放入調理碗中,再用保鮮膜完全緊密地罩住,靜置於室溫下1小時使其發酵。

[揉捏成形]

5 待麵團膨脹到大一倍的程度之後,取出放在檯面上,用刮板切成4等分。

6 用手輕輕壓平其中一個麵團,再用擀麵棍擀成直徑15公分的圓形。

7 從後面往前捲,捲好後捏緊開口的麵團,使其密合。

8 在檯面上滾動,滾成20公分左右的長度。

9 其中一邊壓扁2公分左右,再按住壓扁的部分轉2圈後往另外一邊蓋,連成一圈。

10 放在裁切成12公分見方的烘焙紙上;剩下的3個麵團也以相同方式成形,放在烘焙紙上。

[二次發酵]

11 放在烤盤上,再蓋上塑膠布;靜置於室溫下50分鐘～1小時,等待其再次發酵至大一倍。

[燙麵&烘烤]

12 烤箱預熱至210℃。

13 用鍋子或平底鍋煮沸1.5公升的熱水,再加入1/2大匙的蜂蜜或砂糖(另外準備)充分溶解。待溫度上升到鍋底開始噗哧噗哧浮現出細小的氣泡(80～90℃)後,連同烘焙紙一起把貝果放入鍋中,兩面各煮1分鐘;將脫離的烘焙紙重新放回烤盤上。

14 烤盤鋪上烘焙紙,放上煮好的貝果,再放進預熱好的烤箱裡烤14～16分鐘,即完成。

PLANE

YUZU,
JAPANESE PEPPER & MISO

山椒柚香味噌脆皮貝果

材料 （4個）

高筋麵粉…240g

低筋麵粉…60g

山椒粉…1g

酵母粉…2g

鹽巴…5g

蜂蜜（或砂糖）…12g

水…140g

原味優格（或水）…15g

柚子味噌抹醬

　柚子皮…30g

　白味噌…30g

　茅屋起司…80g

山椒粉（裝飾用）…適量

前置作業

・稍微剁碎柚子皮，再與其餘的柚子味噌抹醬的材料混合拌勻備用。

YUZU, JAPANESE PEPPER & MISO

作法

[製作麵團]

1　將鹽巴、蜂蜜、水、原味優格倒入碗中，再用打蛋器攪拌均勻，充分溶解。

2　依序加入酵母粉、高筋麵粉、低筋麵粉、山椒粉，再用橡皮刮刀攪拌至看不見水分為止。

3　將麵糊取出放在檯面上，再用手把麵糊揉成一團；揉捏約3～5分鐘，直到表面呈光滑狀為止。

[一次發酵]

4　將麵團揉成工整的圓形後放入調理碗中，再用保鮮膜完全緊密地罩住，靜置於室溫下1小時使其發酵。

[揉捏成形]

5　待麵團膨脹到大一倍的程度之後，取出放在檯面上，用刮板切成4等分。

6　用手輕輕壓平其中一個麵團，再用擀麵棍擀成直徑15公分的圓形。

7　在後面塗上1/4的柚子味噌抹醬；從後面往前捲，捲好後捏緊麵團的開口，使其密合。

8　在檯面上滾動，滾成20公分左右的長度。

9　其中一邊壓扁2公分左右，再按住壓扁的部分轉2圈後往另外一邊蓋，連成一圈。

10　放在裁切成12公分見方的烘焙紙上；剩下的3個麵團也以相同方式成形，放在烘焙紙上。

[二次發酵]

11　放在烤盤上，再蓋上塑膠布；靜置於室溫下50分鐘～1小時，等待其再次發酵至大一倍。

[燙麵&烘烤]

12　烤箱預熱至210℃。

13　用鍋子或平底鍋煮沸1.5公升的熱水，再加入1/2大匙的蜂蜜或砂糖（另外準備）充分溶解。待溫度上升到鍋底開始噗哧噗哧浮現出細小的氣泡（80～90℃）後，連同烘焙紙一起把貝果放入鍋中，兩面各煮1分鐘；將脫離的烘焙紙重新放回烤盤上。

14　烤盤鋪上烘焙紙，放上煮好的貝果，均勻撒上山椒粉，再放進預熱好的烤箱，烤14～16分鐘，即完成。

轉 0 圈

只揉成長條狀的麵團不扭轉，直接把
兩端黏在一起的貝果，其實就可以呈
現出發酵後的彈性，烤出柔軟的貝果。
只不過不容易產生韌性，所以即使具
有貝果特有的彈性，也很容易咬斷。這
種口感溫和的貝果，適合夾入甜甜的
食材或做成料多味美的貝果三明治。

善用不同的扭轉次數，
創造更豐富多層次的口感

用比麵粉還少的水量所揉捏而成的貝果，光是這樣就可以做出密度很高、Q
彈扎實的口感；若再加上刻意的扭轉次數，做成甜甜圈狀，就能成爲更有韌
性與彈力倍增的貝果，吃起來更有嚼勁。

轉 1 圈

這是將揉成長條狀的麵團轉1圈，再把
兩端黏在一起的貝果，其具有適度的
彈性，放涼也能保持彈性。當貝果加入
其他食材或含水量較少不容易成形時，
建議只轉1圈就好了。不過，即使是含
水量比較多的麵團，也能製作出貝果
特有的特殊口感。

轉2圈

將揉成長條狀的麵團轉2圈,再把兩端黏在一起的貝果,其具有適度的彈性,放涼也能保持彈性。表面微硬,吃起來類似餅乾的口感,因此如果以高溫長時間烘烤,可能會太乾燥,變成硬邦邦的貝果,所以請以190～210℃(參照p.62～63)來烤。另外用含有大量蛋白質的粉(12%～)或含水量較少(50%)來做的話,在「成形至烘烤」的過程中可能會散開,要特別小心。如果想在原味麵團裡加入可可粉或抹茶粉等食材,或做成脆皮的貝果,或者想用較少的水分來製作時都建議轉2圈。

轉3圈

將揉成長條狀的麵團轉3圈,再把兩端接起來的貝果,其具有相當強的韌性,所以在「成形至二次發酵」的過程中,麵團幾乎不會膨脹。由於是在麵團充滿張力的狀態下烘烤而成,所以中央的洞會很大。另外還有一個特徵,就是在表皮繃得緊緊的狀態下烤成脆皮貝果,放涼以後也很容易保持張力。成形時的重點在於先揉成22～25公分的長度,再把長條的麵團連成甜甜圈的形狀。這樣的圈數很容易讓貝果變得太硬,所以很適合用於製作發酵時間比較長的貝果,像是鬆軟彈牙的貝果或緊實的貝果等。

COCOA & CONDENSED MILK
MARBLE BAGELS

煉乳可可
大理石貝果

材料（4個）

高筋麵粉…300g

酵母粉…1g（1/3小匙）

鹽巴…5g

煉乳…20g

水…155g

原味優格（或水）…10g

可可抹醬

可可粉…5g

水…5g

前置作業

•將可可抹醬的材料混合拌勻備用。

作法

［製作麵團］

1　將鹽巴、煉乳、水、原味優格倒入碗中，再用打蛋器攪拌均勻，充分溶解。

2　依序加入酵母粉、高筋麵粉，再用橡皮刮刀攪拌至看不見水分為止。

3　將麵糊取出放在檯面上，再用手把麵糊揉成一團；揉捏約3～5分鐘，直到表面呈光滑狀為止。

4　將麵團分成2等分，在其中一個麵團放上可可抹醬Ⓐ，用手壓進麵團裡，再撕扯麵團、揉成一團；重複上述步驟ⒷⒸ，把可可抹醬均勻地揉進麵團裡Ⓓ。

［一次發酵］

5　分別將可可麵團與原味麵團揉成工整的圓形放在檯面上，再蓋上調理碗，靜置於室溫下20分鐘左右，使其發酵。

[揉捏成形]

6 待麵團膨脹到大一倍的程度之後，取出放在檯面上，用刮板切成4等分 Ⓔ。

7 分別將原味與可可麵團揉成10公分的長條狀 Ⓕ。

8 將步驟7的麵團組合成く字形 Ⓖ，再用擀麵棍擀成直徑15公分的圓形 Ⓗ。

9 從後面往前捲，捲好後捏緊開口的麵團，使其密合 Ⓘ。

10 在檯面上滾動，滾成22公分左右的長度。

11 其中一邊壓扁2公分左右，再按住壓扁的部分轉2圈 Ⓙ 後往另一邊蓋，連成一圈。

12 放在裁切成12公分見方的烘焙紙上；剩下的3個麵團也以相同方式成形，放在烘焙紙上。

[二次發酵]

13 放在烤盤上，再蓋上塑膠布；靜置於室溫下40～50分鐘，等待其再次發酵至大一倍。

[燙麵&烘烤]

14 烤箱預熱至190℃。

15 用鍋子或平底鍋煮沸1.5公升的熱水，再加入1/2大匙的蜂蜜或砂糖（另外準備）充分溶解。待溫度上升到鍋底開始噗哧噗哧浮現出細小的氣泡（80～90℃）後，連同烘焙紙一起把貝果放入鍋中，兩面各煮1分鐘；將脫離的烘焙紙重新放回烤盤上。

16 烤盤鋪上烘焙紙，放上煮好的貝果，再放進預熱好的烤箱裡烤18～20分鐘，即完成。

COCOA & CONDENSED MILK

SQUID INK & PAPRIKA

墨魚紅椒大理石貝果

材料 (4個)

高筋麵粉…300g
紅椒粉…5g
辣椒粉…2g
酵母粉…1g(1/3小匙)
鹽巴…5g
蜂蜜(或砂糖)…12g
水…155g
原味優格(或水)…10g
墨魚汁…3g
披薩用起司…30g

SQUID INK & PAPRIKA

作法

[製作麵團]

1 將鹽巴、蜂蜜、水、原味優格倒入碗中,再用打蛋器攪拌均勻,充分溶解。

2 依序加入酵母粉、高筋麵粉、紅椒粉、辣椒粉,再用橡皮刮刀攪拌至看不見水分為止。

3 將麵糊取出放在檯面上,再用手把麵糊揉成一團;揉捏約3～5分鐘,直到表面呈光滑狀為止。

4 將麵團分成2等分,其中一個麵團抹上墨魚汁,用手壓進麵團裡,再撕扯麵團、揉成一團;重複上述步驟,把墨魚汁均勻地揉進麵團內。

[一次發酵]

5 分別將墨魚汁的麵團與只有紅椒的麵團揉成工整的圓形放在檯面上,再蓋上調理碗,靜置於室溫下20分鐘左右,使其發酵。

[揉捏成形]

6 待麵團膨脹到大一倍的程度之後,取出放在檯面上,用刮板切成4等分。

7 分別將紅椒與墨魚汁的麵團揉成10公分的長條狀。

8 將步驟7的麵團組合成く字,再用擀麵棍擀成直徑15公分的圓形。

9 從後面往前捲,捲好後捏緊開口的麵團,使其密合。

10 在檯面上滾動,滾成22公分左右的長度。

11 其中一邊壓扁2公分左右,再按住壓扁的部分轉2圈後往另外一邊蓋,連成一圈。

12 放在裁切成12公分見方的烘焙紙上;剩下的3個麵團也以相同方式成形,放在烘焙紙上。

[二次發酵]

13 放在烤盤上,再蓋上塑膠布;靜置於室溫下40～50分鐘,等待其再次發酵至大一倍。

[燙麵&烘烤]

14 烤箱預熱至190℃。

15 用鍋子或平底鍋煮沸1.5公升的熱水,再加入1/2大匙的蜂蜜或砂糖(另外準備)充分溶解。待溫度上升到鍋底開始噗哧噗哧浮現出細小的氣泡(80～90℃)後,連同烘焙紙一起把貝果放入鍋中,兩面各煮1分鐘;將脫離的烘焙紙重新放回烤盤上。

16 把煮好的貝果放在烤盤上,再撒上披薩用起司,放進烤箱裡烤18～20分鐘,即完成。

NOZAWANA & AOJISO
紫蘇葉＆日本芥菜夾餡貝果

材料 （4個）

高筋麵粉…270g

低筋麵粉…30g

炒過的白芝麻…5g

酵母粉…2g

鹽巴…5g

二砂糖（或砂糖）…15g

水…160g

日本芥菜（野澤菜）…160g

紫蘇葉…4片

前置作業

- 徹底擰乾日本芥菜的水分，切成小段備用。

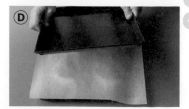

NOZAWANA & AOJISO

作法

[製作麵團]

1 將鹽巴、二砂糖、水倒入碗中，再用打蛋器攪拌均勻，充分溶解。

2 依序加入酵母粉、高筋麵粉、低筋麵粉、炒過的白色芝麻，再用橡皮刮刀攪拌至看不見水分為止。

3 將麵糊取出放在檯面上，再用手把麵糊揉成一團；揉捏約3～5分鐘，直到表面呈光滑狀為止。

[一次發酵]

4 將麵團揉成工整的圓形後放入調理碗中，再用保鮮膜完全緊密地罩住，靜置於室溫下約40分鐘左右，使其發酵。

[揉捏成形]

5 待麵團膨脹到大一倍的程度之後，取出放在檯面上，用刮板切成4等分。

6 用手輕輕壓平其中一個麵團，包入1/4的日本芥菜Ⓐ Ⓑ，抓住開口的麵團，捏緊使其密合。

7 輕輕地揉成一團，用手壓扁；剩下的3個麵團也包入日本芥菜，並以相同方式成形，放在烘焙紙上。

[二次發酵]

8 放在烤盤上，再蓋上塑膠布；靜置於室溫下40～50分鐘，等待其再次發酵至大一倍。

[燙麵 & 烘烤]

9 烤箱預熱至190℃。

10 用鍋子或平底鍋煮沸1.5公升的熱水，再加入1/2大匙的蜂蜜或砂糖（另外準備）充分溶解。待溫度上升到鍋底開始噗哧噗哧浮現出細小的氣泡（80～90℃）後，連同烘焙紙一起把貝果放入鍋中，兩面各煮1分鐘；將脫離的烘焙紙重新放回烤盤上。

11 烤盤鋪上烘焙紙，放上煮好的貝果；在每顆貝果各放上一片紫蘇葉，再依序疊上烘焙紙、烤盤Ⓒ Ⓓ，放進預熱好的烤箱裡烤20～22分鐘，即完成。

BAKED SWEET POTETO, MAPLE SYRUP & WALNUT
楓糖核桃＆烤地瓜夾餡貝果

BAKED SWEET POTETO, MAPLE SYRUP & WALNUT

材料 (4個)

高筋麵粉…270g
低筋麵粉…30g
酵母粉…2g
鹽巴…5g
楓糖漿…25g
水…155g
烤地瓜(帶皮)…200g
核桃…4顆
珍珠糖…30g

前置作業

• 烤地瓜連皮切成4等分備用。

作法

[製作麵團]

1 將鹽巴、楓糖漿、水倒入碗中,再用打蛋器攪拌均勻,充分溶解。

2 依序加入酵母粉、高筋麵粉、低筋麵粉,再用橡皮刮刀攪拌至看不見水分為止。

3 將麵糊取出放在檯面上,再用手把麵糊揉成一團;揉捏約3~5分鐘,直到表面呈光滑狀為止。

[一次發酵]

4 將麵團揉成工整的圓形後放入調理碗中,再用保鮮膜完全緊密地罩住,靜置於室溫下約40分鐘左右,使其發酵。

[揉捏成形]

5 待麵團膨脹到大一倍的程度之後,取出放在檯面上,用刮板切成4等分。

6 用手輕輕地壓平其中一個麵團,包入1塊切好的烤地瓜,抓住開口的麵團,捏緊使其密合。

7 輕輕地揉成一團,用手壓扁;剩下的3個麵團也包入地瓜,並以相同方式成形,放在烘焙紙上。

[二次發酵]

8 放在烤盤上,再蓋上塑膠布;靜置於室溫下40~50分鐘,等待其再次發酵至大一倍。

[燙麵&烘烤]

9 烤箱預熱至190℃。

10 用鍋子或平底鍋煮沸1.5公升的熱水,再加入1/2大匙的蜂蜜或砂糖(另外準備)充分溶解。待溫度上升到鍋底開始噗哧噗哧浮現出細小的氣泡(80~90℃)後,連同烘焙紙一起把貝果放入鍋中,兩面各煮1分鐘;將脫離的烘焙紙重新放回烤盤上。

11 烤盤鋪上烘焙紙,放上煮好的貝果;分別在每顆貝果上放上一顆核桃,再撒上1/4的珍珠糖;接著依序疊上烘焙紙、烤盤,放進預熱好的烤箱裡烤20~22分鐘,即完成。

PRETZELS
蝴蝶餅風味貝果

材料 (4個)

高筋麵粉…210g
低筋麵粉…90g
酵母粉…1g(1/3小匙)
鹽巴…5g
蜂蜜（或砂糖）…12g
水…150g
小蘇打粉…30g
天然海鹽…適量

Ⓐ

作法

[製作麵團]

1 將鹽巴、蜂蜜、水倒入碗中，再用打蛋器攪拌均勻，充分溶解。

2 依序加入酵母粉、高筋麵粉、低筋麵粉，再用橡皮刮刀攪拌至看不見水分為止。

3 將麵糊取出放在檯面上，再用手把麵糊揉成一團；揉捏約3～5分鐘，直到表面呈光滑狀為止。

[一次發酵]

4 將麵團揉成工整的圓形後放入調理碗中，再用保鮮膜完全緊密地罩住，靜置於室溫下約15分鐘，再放進冰箱的冷藏區，靜置8～10小時使其發酵。

[切割&靜置休息]

5 待麵團膨脹到大一倍的程度之後，取出放在檯面上，用刮板切成4等分。

6 蓋上調理碗，靜置於室溫下30分鐘左右。

[揉捏成形]

7 用手輕輕壓平其中一個麵團，再用擀麵棍擀成直徑15公分的圓形。

8 從後面往前捲，捲好後捏緊開口，使其密合。

9 在檯面上滾動，滾成28公分左右的長度。

10 其中一邊壓扁2公分左右，再按住壓扁的部分轉3圈後往另外一邊蓋，連成一圈。

11 放在裁切成12公分見方的烘焙紙上；剩下的3個麵團也以相同方式成形，放在烘焙紙上。

[二次發酵]

12 放在烤盤上，再蓋上塑膠布；靜置於室溫下50分鐘～1小時，等待其再次發酵至大一倍。

[燙麵&烘烤]

13 烤箱預熱至210℃。

14 用鍋子或平底鍋煮沸1.5公升的熱水，加入小蘇打粉Ⓐ，待溫度上升到浮出小氣泡後，連同烘焙紙一起把貝果放入鍋中，兩面各煮1分鐘；將脫離的烘焙紙重新放回烤盤上；因為加入了小蘇打粉，會呈現有如蝴蝶脆餅般Q彈的口感與比較深的色澤。

15 把燙過的貝果放在鋪好烘焙紙的烤盤上，再均勻地撒上天然海鹽，放進預熱好的烤箱裡烤12～15分鐘，即完成。

BRAIDED SAUSAGE
德式香腸辮子貝果

材料 （4個）

高筋麵粉…190g

裸麥粉…50g

酵母粉…1g（1/3小匙）

鹽巴…4g

蜂蜜（砂糖）…10g

水…120g

原味優格（或水）…10g

德國香腸…8根

粗粒黑胡椒…適量

作法

[製作麵團]

1　將鹽巴、蜂蜜、水、原味優格倒入碗中，再用打蛋器攪拌均勻，充分溶解。

2　依序加入酵母粉、高筋麵粉、裸麥粉，再用橡皮刮刀攪拌至看不見水分為止。

3　將麵糊取出放在檯面上，再用手把麵糊揉成一團；揉捏約3～5分鐘，直到表面呈光滑狀為止。

[一次發酵]

4　將麵團揉成工整的圓形放在檯面上，再蓋上調理碗，靜置於室溫下20分鐘左右，使其發酵。

[揉捏成形]

5　待麵團膨脹到大一倍的程度之後，取出放在檯面上，用刮板切成4等分。

6　用擀麵棍將其中一個麵團擀成15×20公分的長方形Ⓐ。

7　在長邊的中央留下1公分的間隔，兩邊各以1公分的距離切開Ⓑ。

8　將2根德國香腸水平放在麵團中央，以左右交叉的方式用兩邊切開的麵團把香腸捲起來ⒸⒹ。

9　放在裁切成12公分見方的烘焙紙上；剩下的3個麵團也以相同方式成形，放在烘焙紙上。

[二次發酵]

10　放在烤盤上，再蓋上塑膠布；靜置於室溫下40～50分鐘，等待其再次發酵至大一倍。

[燙麵＆烘烤]

11　烤箱預熱至210℃。

12　用鍋子或平底鍋煮沸1.5公升的熱水，再加入1/2大匙的蜂蜜或砂糖（另外準備）充分溶解。待溫度上升到鍋底開始噗哧噗哧浮現出細小的氣泡（80～90℃）後，連同烘焙紙一起把貝果放入鍋中，兩面各煮1分鐘；將脫離的烘焙紙重新放回烤盤上。

13　把燙過的貝果放在鋪好烘焙紙的烤盤上，再均勻撒上滿滿的粗粒黑胡椒，接著放進預熱好的烤箱裡烤12～15分鐘，即完成。

利用「湯種」和「發酵種」帶出更深層的麵粉香味

為了將貝果做到最好吃、讓小麥的美味發揮到淋漓盡致，關鍵在於要讓水分徹底地滲透到每一顆麵粉裡。然而，除了本書介紹的「緊實貝果」外，其他貝果的水分與麵粉混合拌勻的時間（亦即發酵時間）只有幾個小時，通常都無法徹底帶出麵粉本來的美味。這時可以在部分麵團裡加入「湯種」或「發酵種」，讓風味變得更有層次。想品嚐與酵母粉不同的發酵美味時，請務必一試！

湯種

以1：1的比例在調理碗內混合高筋麵粉與熱水（60℃以上），用保鮮膜罩住，放涼備用。再裝入密封容器，放進冰箱裡靜置6小時。使用湯種時，需減少材料中各30g的水分和高筋麵粉，與做好的60g湯種一起揉捏。湯種能增添貝果的美味與甜味，製造出彈牙爽口的口感。

發酵種

在碗中混合高筋麵粉50g、水55g、酵母粉和鹽巴各1小撮，再用保鮮膜罩住。靜置於室溫下1～2小時，待麵團膨脹成2～3倍大、表面產生凹凸不平的氣泡，變成軟綿綿、滑溜溜、具有彈性、搖搖晃晃的布丁狀時，再移到密封容器內，放進冰箱裡靜置6小時。使用發酵種時，需減少材料中各30g的水分和高筋麵粉，與做好的60g發酵種一起揉捏。發酵種能為貝果增添熟成風味與小麥的美味，讓表面烤得酥酥脆脆的，還具有Q彈爽口的口感。

CREAM CHEESE FLAVORS for BAGELS

SWEET

藍莓奶油乳酪抹醬

材料（容易製作的分量）

奶油乳酪…100g
藍莓果醬…20g
細砂糖…1大匙
檸檬汁…1/2小匙

作法

1 將奶油乳酪靜置於室溫下，使其稍微軟化。

2 把步驟1和其餘材料放入調理碗，再用橡皮刮刀仔細地攪拌均勻，即完成。

豆腐風奶油乳酪抹醬

材料（容易製作的分量）

板豆腐…150g
豆漿優格…10g
檸檬汁…1小匙
米油…1小匙

作法

1 用廚房紙巾將板豆腐包起來，靜置2小時左右，使其脫水到剩下120克。

2 將步驟1和其餘材料放入食物調理機，均勻地打成泥。如果沒有食物調理機，也可以放入調理碗，用打蛋器仔細地攪拌均勻。只要把食材均勻攪拌成滑順濃稠狀，即完成。

貝果好朋友！各式美味鹹甜抹醬

鳳梨椰子抹醬

材料（容易製作的分量）

奶油乳酪…100g
鳳梨乾…20g
椰子絲…3g
細砂糖…1人匙
馬里布椰子蘭姆酒（選用）…1小匙

作法

1 將奶油乳酪靜置於室溫下，使其稍微
軟化；鳳梨乾切成0.5公分的小丁。
2 把步驟1和其餘材料放入調理碗，再
用橡皮刮刀仔細地攪拌均勻即完成。

柿餅焙茶抹醬

材料（容易製作的分量）

奶油乳酪…100g
柿餅…30g
焙茶粉…1g
楓糖漿…1大匙

作法

1 將奶油乳酪靜置於
室溫下，使其稍微軟
化；柿餅切成1公分
的小丁。
2 把步驟1和其餘材料
放入調理碗，再用橡
皮刮刀仔細地攪拌
均勻即完成。

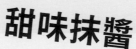

甜味抹醬

開心果白巧克力抹醬

材料（容易製作的分量）

奶油乳酪…100g
開心果…20g
巧克力豆（白巧克力）…5g
煉乳…1大匙

作法

1 將奶油乳酪靜置於室溫下，使其
稍微軟化；開心果稍微剁碎。
2 把步驟1和其餘材料放入調理
碗，再用橡皮刮刀仔細地攪拌均
勻，即完成。

SALTY

蒔蘿黑橄欖抹醬

材料（容易製作的分量）

奶油乳酪…100g
蒔蘿…1根
黑橄欖（去籽）…20g
白胡椒…少許
鹽巴…少許
粗粒黑胡椒…少許

作法

1　將奶油乳酪靜置於室溫下，使其稍微軟化；蒔蘿摘下葉片，稍微剁碎；黑橄欖切成圓片。

2　把步驟1和其餘材料放入調理碗，再用橡皮刮刀仔細地攪拌均勻，即完成。

蜂蜜味噌抹醬

材料（容易製作的分量）

奶油乳酪…100g
味噌…10g
蜂蜜…1/2大匙
山椒粉…少許

作法

1　將奶油乳酪靜置於室溫下，使其稍微軟化。

2　把步驟1和其餘材料放入調理碗，再用橡皮刮刀仔細地攪拌均勻，即完成。

明太子沙拉抹醬

材料（容易製作的分量）

奶油乳酪…100g
馬鈴薯…100g
鱈魚子…1/2條
檸檬汁…1/2小匙

作法

1　將奶油乳酪靜置於室溫下，使其稍微軟化。
2　馬鈴薯削皮，切成3～4公分的塊狀，稍微汆燙一下；接著瀝乾水分，放進耐熱皿裡，再用保鮮膜罩住，放進600瓦的微波爐加熱2分30秒左右，直到馬鈴薯變軟為止。
3　趁熱把步驟2和其餘材料放入調理碗中，再用橡皮刮刀仔細地攪拌均勻，即完成。

鹹味抹醬

小黃瓜佐梅醬山葵乳酪抹醬

材料（容易製作的分量）

奶油乳酪…100g
小黃瓜…1/2根
剁碎的梅肉…10g
山葵泥…5g
柴魚片…2g
醬油…少許

作法

1　將奶油乳酪靜置於室溫下，使其稍微軟化。小黃瓜切成半月形的薄片，放入調理碗，加入1小撮鹽巴（另外準備），抓捏使其入味。靜置10分鐘，再徹底地擰乾水分。
2　將所有的材料放入調理碗，用橡皮刮刀仔細地攪拌均勻，即完成。

今天想吃哪一種？
飽足感十足的貝果三明治

SANDWICHES

SWEET

SANDW

莓果乳酪
貝果三明治

材料（1個）

自選喜歡的貝果…1個
藍莓奶油乳酪抹醬
　（見 P.88）…一半
新鮮藍莓…適量

作法

1　貝果垂直切成兩半。

2　藍莓奶油乳酪抹醬均勻地塗抹在步驟1的下半部的貝果剖面上，再以塞滿的方式鋪滿藍莓。

3　蓋回上半部的貝果，用保鮮膜或烘焙紙包起來，放進冰箱裡靜置30分鐘左右後，即可享用。

總匯巧克力
貝果三明治

材料（1個）

自選喜歡的貝果…1個
可可餅乾…2片

巧克力卡士達醬

　蛋黃…1顆
　細砂糖…25g
　低筋麵粉…15g
　牛奶…100g
　巧克力…30g

奶霜

　鮮奶油…50g
　蜂蜜…1/2小匙

作法

1　**製作巧克力卡士達醬：**蛋黃、細砂糖、低筋麵粉倒入鍋中；牛奶分次加入，充分拌勻。

2　開中火煮沸後轉小火，持續攪拌注意勿燒焦，再繼續煮1分半，保持半沸騰狀態。

3　關火，巧克力剁碎放進鍋中，持續攪拌直到巧克力完全融解；再倒入方形淺盆裡並用保鮮膜緊密地罩住，放上保冷劑急速冷卻。

4　**製作奶霜：**把所有材料倒入調理碗中，打到9分發。

5　貝果垂直切成兩半；把一半的巧克力卡士達醬均勻地塗抹在下半部的貝果剖面上，再放上可可餅乾，最後塗上奶霜。

6　蓋回上半部貝果，再用保鮮膜或烘焙紙包起來，放進冰箱靜置30分鐘左右即完成。

蘭姆葡萄夾布丁
貝果三明治

材料（1個）

自選喜歡的貝果…1個
布丁（請選擇質地較硬的）…1個
新鮮藍莓…適量

蘭姆葡萄奶霜

　鮮奶油…50g
　細砂糖…1/2小匙
　蘭姆葡萄乾…8g

作法

1　**製作蘭姆葡萄奶霜：**把鮮奶油和細砂糖倒入碗中，打到9分發，再加入蘭姆葡萄乾，稍微攪拌一下。

2　貝果垂直切兩半；取適量步驟1均勻塗抹在下半部的剖面上；放上布丁，再以蓋住布丁的方式塗上剩餘的奶霜。

3　蓋回上半部，再用保鮮膜或烘焙紙包起來，放進冰箱靜置30分鐘左右即完成。

火腿鮮蝦花椰菜
貝果三明治

材料（1個）

自選喜歡的貝果…1個
火腿…2片
美生菜…1片
蘿蔔嬰…5g
鮮蝦花椰菜沙拉

　水煮蝦仁…3隻
　水煮花椰菜…80g
　橄欖油…2小匙
　稍微剁碎的鯷魚…1/2片
　白酒醋…1/2小匙
　粗粒黑胡椒…少許

作法

1. **製作鮮蝦花椰菜沙拉：**若使用帶殼蝦仁請先去除腸泥；花椰菜撕成小撮，再把所有材料放入碗中拌勻。
2. 貝果垂直切成兩半。
3. 將美生菜、火腿、步驟1的沙拉依序放在下半部的貝果剖面上，撒上蘿蔔嬰。
4. 蓋回上半部貝果，再用保鮮膜或烘焙紙包起來，放進冰箱靜置15分鐘左右即完成。

煙燻鮭魚
貝果三明治

材料（1個）

自選喜歡的貝果…1個
煙燻鮭魚…50g
奶油乳酪…50g
蘿蔓萵苣…2～3片
紫色洋蔥（切薄片）…10g
酸豆…1/2小匙

作法

1. 貝果垂直切成兩半。
2. 將奶油乳酪均勻塗抹在步驟1下半部的貝果剖面上，依序放上蘿蔓萵苣、煙燻鮭魚、紫洋蔥，再撒上酸豆。
3. 蓋回上半部貝果，再用保鮮膜或烘焙紙包起來，放進冰箱靜置15分鐘左右即完成。

SALTY

煙燻牛肉佐胡蘿蔔
貝果三明治

材料（1個）

自選喜歡的貝果…1個
奶油乳酪…15g
煙燻牛肉…40g
貝比生菜…5g
胡蘿蔔沙拉

　胡蘿蔔（切絲）…1/2條
　稍微剁碎的開心果…5粒
　鹽巴…1小撮
　檸檬汁…2小匙
　橄欖油…2小匙
　蜂蜜…1小匙

作法

1. **製作胡蘿蔔沙拉：**胡蘿蔔絲放入碗中，再加入1小撮鹽巴（另外準備）抓捏使其入味；靜置10分鐘左右後徹底地擰乾水分，再把其餘材料加入拌勻。
2. 貝果垂直切成兩半，將奶油乳酪均勻塗抹在下半部的剖面，再放上貝比生菜、胡蘿蔔沙拉、煙燻牛肉。
3. 蓋回上半部貝果，再用保鮮膜或烘焙紙包好，放進冰箱靜置約15分鐘即可。

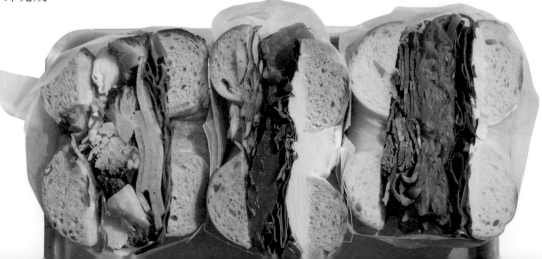

貝果研究室：日本高人氣烘焙名師，不藏私大公開！用 3 種口感變化出 36 款口味獨特的
創意貝果 / 村吉雅之著；賴惠鈴譯 . -- 初版 . -- 新北市：晴好出版事業有限公司出版：遠足
文化事業股份有限公司發行 , 2024.06
96 面；19x26 公分
ISBN 978-626-7396-67-4(平裝)

1.CST: 點心食譜 2.CST: 麵包

427.16   113005063

Lifestyle 006

貝果研究室

日本高人氣烘焙名師，不藏私大公開！用 3 種口感變化出 36 款口味獨特的創意貝果

作者｜村吉雅之
譯者｜賴惠鈴
企劃編輯｜黃文慧
責任編輯｜周書宇
封面設計｜Rika Su
內文排版｜周書宇

日本編輯團隊｜攝影 - 南雲保夫、造型 - 西崎弥
沙、設計 - 小橋太郎（Yep）、烘焙協力 - 福田
みなみ、編輯 - 小池洋子（グラフィック社）

出版｜晴好出版事業有限公司
總編輯｜蕭文慧
副總編輯｜鍾宜君
編輯｜胡雯琳
行銷企劃｜吳孟蓉
地址｜104027 台北市中山區中山北路三段 36
　　　巷 10 號 4 樓
網址｜https://www.facebook.com/
　　　QinghaoBook
電子信箱｜Qinghaobook@gmail.com
電話｜(02) 2516 0002
傳真｜(02) 2516-6891

發行｜遠足文化事業股份有限公司
　　　（讀書共和國出版集團）
地址｜231023 新北市新店區民權路 108-2 號 9 樓
電話｜(02) 2218-1417
傳真｜(02) 2218-1142
電子信箱｜service@bookrep.com.tw
郵政帳號｜19504465
　　　　　（戶名：遠足文化事業股份有限公司）
客服電話｜0800-221-029
團體訂購｜(02) 2218-1717 分機 1124
網　　址｜www.bookrep.com.tw
法律顧問｜華洋法律事務所／蘇文生律師
印　製｜凱林印刷

初版一刷｜2024 年 06 月
定　價｜450 元
ISBN｜978-626-7396-67-4

MURAYOSHI MASAYUKI NO BAGEL BOOK
© 2023 Masayuki Murayoshi ©2023 Graphic-sha Publishing Co., Ltd.
This book was first designed and published in Japan in 2023 By Graphic-sha Publishing Co., Ltd.
This Complex Chinese edition was published in 2024 by GingJao Publishing Co., Ltd.
Original edition creative staff
Photo:Yasuo Nagumo
Styling: Misa Nishizaki
Design: Taro Kobashi(Yep., Ltd)
Cooking Assistant: Minami Fukuda
Editing: Yoko Koike(Graphic-sha Publishing Co., Ltd.)